Mahesh Munde
Vikrant Kerkar
Anil Nandgaonkar

Conceção e implementação de um protótipo para terapia de acupressão

Mahesh Munde
Vikrant Kerkar
Anil Nandgaonkar

Conceção e implementação de um protótipo para terapia de acupressão

Utilização de vibradores em forma de panqueca para ativar os pontos palmares

ScienciaScripts

Imprint

Any brand names and product names mentioned in this book are subject to trademark, brand or patent protection and are trademarks or registered trademarks of their respective holders. The use of brand names, product names, common names, trade names, product descriptions etc. even without a particular marking in this work is in no way to be construed to mean that such names may be regarded as unrestricted in respect of trademark and brand protection legislation and could thus be used by anyone.

Cover image: www.ingimage.com

This book is a translation from the original published under ISBN 978-3-330-32002-4.

Publisher:
Sciencia Scripts
is a trademark of
Dodo Books Indian Ocean Ltd. and OmniScriptum S.R.L publishing group

120 High Road, East Finchley, London, N2 9ED, United Kingdom
Str. Armeneasca 28/1, office 1, Chisinau MD-2012, Republic of Moldova, Europe
Printed at: see last page
ISBN: 978-620-7-51825-8

ÍNDICE

RECONHECIMENTO 2

RESUMO 3

INTRODUÇÃO 4

PESQUISA BIBLIOGRÁFICA 5

CONCEITO FUNDAMENTAL 21

ASPECTOS DE CONCEPÇÃO 24

ASPECTOS TÉCNICOS 25

EXECUÇÃO DOS TRABALHOS 34

EXPERIMENTAÇÃO 40

APLICAÇÕES E PRECAUÇÕES 44

CONCLUSÃO 45

REFERÊNCIAS 46

APÊNDICE 48

RECONHECIMENTO

Escrever esta tese foi como uma grande alegria e não há palavras suficientes para agradecer às pessoas que nos ajudaram e apoiaram de várias formas durante este projeto.

Em primeiro lugar, os autores gostariam de agradecer ao St. Xavier's Technical Institute, Mumbai, Índia, por disponibilizar laboratórios e equipamentos para fins experimentais, sem os quais não teríamos conseguido dar um passo em frente.

Os nossos agradecimentos ao Sr. Shankar Panasare, assistente de laboratório, St. Xavier's Technical Institute, Mumbai, que sempre nos ajudou a preparar a configuração para os testes e a trabalhar neste projeto.

Um agradecimento especial ao Dr. Sanjay Nalbalwar, Chefe do Departamento, Departamento de Engenharia Eletrónica e de Telecomunicações, Universidade Tecnológica Dr. Babasaheb Ambedkar, Lonere, pelas suas valiosas sugestões para a preparação deste protótipo e para a redação do relatório.

Dr. Shankar Deosarkar, Departamento de Engenharia Eletrónica e de Telecomunicações, Universidade Tecnológica Dr. Babasaheb Ambedkar, Lonere, pela sua avaliação aprofundada deste relatório e pela sua constante motivação.

RESUMO

Existe uma estreita correlação entre o stress e os factores de risco para a saúde, como o mau funcionamento do sistema imunitário e os problemas cardiovasculares. Vários estudos demonstraram que a exposição prolongada ao stress e as doenças que lhe estão associadas são responsáveis por um aumento dramático da mortalidade nos países ocidentais [1]. Em geral, a maioria das pessoas enfrenta o stress devido a vários factores, como o ambiente físico, o fator organizacional, o fator interpessoal, a satisfação familiar, a satisfação pessoal e a satisfação profissional, etc. [2]. Os investigadores desenvolveram muitos métodos para tratar o nível de stress, entre os quais a acupressão é um dos métodos eficazes.

A acupressão é uma antiga arte de cura que utiliza os dedos para pressionar gradualmente pontos-chave de cura, que estimulam as capacidades naturais de auto-cura do corpo. Foi desenvolvida na Ásia há mais de 5.000 anos [3]. Atualmente, é utilizada em muitos países asiáticos como a China, a Coreia, o Japão e a Índia. Também criou raízes em muitos países americanos [4].

A teoria é implementada num protótipo concebido para fornecer uma terapia de acupressão automática. Os 12 órgãos-chave do corpo humano são controlados através dos pontos de ativação presentes na palma da mão humana. O protótipo utiliza 9 teclas com 19 vibradores em forma de mini moeda/panqueca para exercer pressão nos pontos de ativação da palma da mão, de modo a estimular as áreas para libertar a tensão e regular o fluxo sanguíneo.

20 voluntários participaram na experiência e foi-lhes pedido que utilizassem o protótipo para terapia de acupressão durante 10 minutos cada e foram questionados sobre o nível de stress que sentiam. A maioria dos voluntários aceitou que o nível de stress que sentem é minimizado.

Palavras-chave: Acupressão, Bio-Energia, Meridiano, Protótipo.

INTRODUÇÃO

Motivação para o trabalho:

Vale a pena refletir sobre se devemos continuar a correr o risco de sofrer os efeitos secundários dos diferentes medicamentos à base de drogas, que, por sua vez, apenas proporcionam um alívio insignificante e temporário. Estes inconvenientes foram ultrapassados por uma terapia eficaz conhecida como "Acupressão". Hoje em dia, a popularidade da acupressão está a aumentar a passos largos, mas os métodos manuais ineficazes e grosseiros de acupressão, a falta de conhecimentos sobre a terapia, o elevado custo da terapia nas termas e casas de massagens contribuem para que as pessoas comuns sejam privadas da utilização da terapia de acupressão. Nem toda a gente tem conhecimento dos pontos de acupressão exactos, do tamanho dos pontos de acupressão e da gama de pressão necessária para uma massagem eficaz [4]. Quer isto dizer que as pessoas que não possuem estes conhecimentos e que não podem pagar os preços elevados das termas não podem adquirir um tratamento de acupressão eficaz? É possível adquirir o tratamento a baixo custo e por si próprio? Estas perguntas foram respondidas pelos autores, que tinham como objetivo conceber um sistema que proporcionasse mobilidade a um sistema em que o utilizador pudesse receber um tratamento de acupressão eficaz em qualquer altura, em qualquer lugar e a baixo custo.

Introdução ao sistema:

O protótipo pode servir com uma massagem de acupressão eficaz nos pontos exactos, de acordo com os seus comandos, e será tudo feito por si. Isto permitirá ao utilizador obter um tratamento produtivo com um simples clique de um botão.

O protótipo é um dispositivo eletrónico inteligente que proporciona um tratamento de acupressão de acordo com as suas ordens. Trata-se de uma técnica inovadora de cura do corpo através da acupressão, graças a uma disposição sistemática de vibradores e estruturas de espigões que coincidem com os pontos de ativação na palma da mão.

PESQUISA BIBLIOGRÁFICA

Origem da acupressão:

Existem várias terapias orientais, tais como a acupressão, a acupunctura, o shiatsu, a terapia de zona e a reflexologia, das quais a acupressão é um dos métodos mais antigos e mais simples e está muito difundida atualmente [4].

De acordo com algumas opiniões, a acupressão e a acupunctura tiveram origem na Índia. Mais tarde, estenderam as suas raízes à Ásia Central, ao Egipto, à China e a outros países. Há a crença de que os monges budistas levaram esta terapia da Índia para outros países. No entanto, os chineses consideram a acupressão como a sua ciência e acreditam que tem mais de 5000 anos. Há referências à acupressão e à acupunctura em livros chineses antigos. Deve-se atribuir aos chineses, independentemente do local de origem desta terapia, o mérito de terem tornado a acupressão respeitada e popular nos tempos modernos [4].

A acupunctura e a acupressão evoluíram quando os primeiros curandeiros chineses estudaram as feridas perfurantes dos guerreiros chineses, notando que certos pontos do corpo criavam resultados interessantes quando estimulados. Estas observações minuciosas levaram essas pessoas a concluir que certos pontos da pele deviam estar ligados aos órgãos internos [4]. O mais antigo texto conhecido especificamente sobre pontos de acupunctura, o Clássico Sistemático de Acupunctura, data de 282 d.C. A acupressão é a forma não invasiva de acupunctura, uma vez que os médicos chineses determinaram que a estimulação de pontos do corpo com massagem e pressão poderia ser eficaz no tratamento de determinados problemas [5]. A relação dos pontos nas orelhas com outras partes do corpo está descrita num antigo livro chinês chamado "O clássico de medicina interna do Imperador Amarelo". [4]

A medicina chinesa permaneceu praticamente desconhecida nos Estados Unidos até que Richard Nixon, o presidente dos EUA, veio à China para uma visita oficial em 1971. Foi acompanhado por várias pessoas, incluindo um jornalista de renome chamado James Reston. Pouco depois da sua chegada, o Sr. Reston começou a sofrer de apendicite. Sentia fortes dores abdominais, pelo que foi operado de urgência. No entanto, como não conseguiu aliviar as dores abdominais, concordou em experimentar a acupunctura, o que fez maravilhas, pois sentiu um alívio imediato no abdómen. O Presidente Nixon ficou muito impressionado com este tratamento e decidiu levá-lo para os Estados Unidos. Mais tarde, o Sr. Reston escreveu algumas histórias convincentes sobre a eficácia da acupunctura. A partir daí, a ciência da acupressão e da acupunctura espalhou-se rapidamente por toda a América. Atualmente, a acupressão está a ser ensinada cientificamente em várias universidades de renome em todo o mundo [4]. Atualmente, existem milhões de pacientes que atestam a sua eficácia e cerca de 9.000 praticantes em todos os 50 estados [5].

Ciência da Acupressão:

Utilizada há milhares de anos na China, a acupressão, uma forma de terapia tátil, aplica os mesmos princípios da acupunctura para promover o relaxamento e o bem-estar e para tratar doenças. Por vezes chamada acupunctura de pressão, a acupressão utiliza os mesmos pontos do corpo que são usados na acupunctura, mas são estimulados com a pressão dos dedos em vez da inserção de agulhas [5].

Verifica-se que existem no total 14 meridianos no nosso corpo para o fluxo de energia vital ou uma força vital chamada Chi (pronuncia-se 0, também escrito qi ou ki no shiatsu japonês) é a energia vital fundamental. Encontra-se nos alimentos, no ar, na água e na luz solar, e percorre o corpo em canais chamados meridianos. Acredita-se também que estes meridianos ligam órgãos específicos ou redes de órgãos, organizando um sistema de comunicação em todo o corpo. Os meridianos começam na ponta dos dedos, ligam-se ao cérebro e depois a um órgão associado a um determinado meridiano [6]. 12 destes 14 meridianos estão localizados em pares, cada um no lado direito e no lado esquerdo do corpo, enquanto os restantes dois são únicos. Os 12 meridianos emparelhados consistem em 6 meridianos "Yin" (força negativa) e meridianos "Yang" (força positiva). Estes meridianos estão ligados ao órgão principal do corpo, de modo a manter o fluxo de bio-energia. A cada meridiano foi dado o nome do órgão ao qual está ligado. Uma extremidade do meridiano encontra-se na palma das mãos, nas pernas ou no rosto e a outra extremidade encontra-se num órgão principal. Isto afecta o órgão remoto quando a pressão aplicada a um determinado ponto da mão ou da perna ao qual o órgão correspondénte está ligado [4].

Os diferentes meridianos e o seu tipo estão representados no quadro abaixo.

Tabela 1: Classificação dos Meridianos

Sr. no.	Name of the Meridian	Type of Meridian
01	Large intestine meridian.	
02	Stomach meridian.	
03	Small intestine meridian.	
04	Bladder meridian.	Yang Meridians.
05	Triple warmer meridian.	
06	Gall bladder meridian.	
07	Lung meridian.	
08	Spleen meridian.	
09	Kidney meridian.	
10	Heart meridian.	Yin Meridians.
11	Heart constrictor or pericardium meridian.	
12	Liver meridian.	
13	Governing vessel meridian.	Meridians that govern other Meridians.
14	Conception vessel meridian.	

De acordo com esta teoria, a doença ocorre quando um destes meridianos está bloqueado ou em desequilíbrio. A acupressão estimula os pontos dos meridianos do chi que passam perto da pele, uma vez que estes são mais fáceis de desbloquear e de gerir com a pressão do dedo [5].

Os seres humanos têm, de facto, um incrível relógio biológico a funcionar dentro do seu corpo, denominado "O Relógio dos Órgãos". Este relógio é dado pelos antigos praticantes da medicina chinesa e é muito preciso. A quantidade de bio-energia (chi) que flui através de cada meridiano nunca é a mesma durante todo o dia. É máxima através de um determinado meridiano apenas uma vez durante um período específico do dia.

12 horas depois dessa hora, a intensidade do fluxo de energia é mínima através desse mesmo meridiano. Todo este conceito é explicado pelo "Relógio do Órgão" mostrado na figura 1 abaixo.

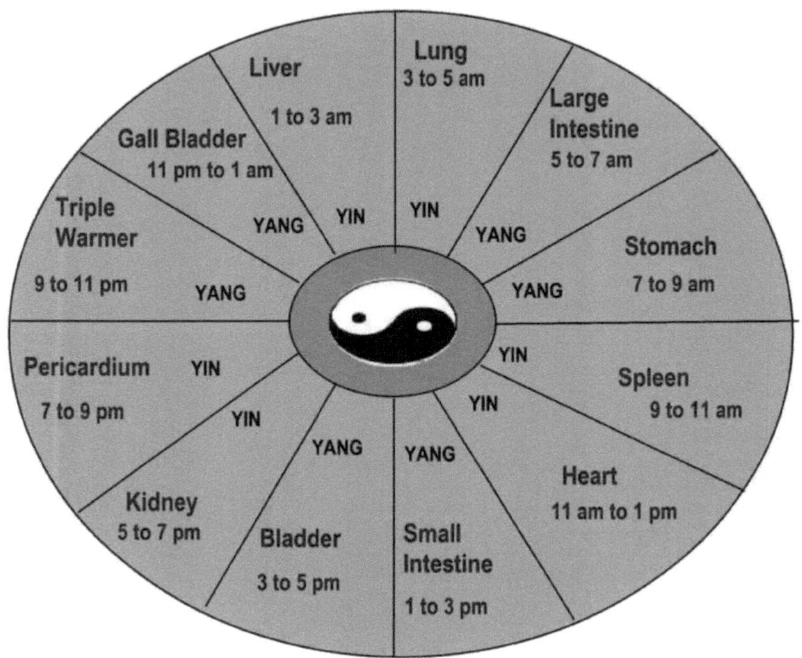

Fig 1: The Organ Clock [27]

A tabela abaixo explica as funções dos diferentes órgãos e o fluxo de energia através deles de acordo com o relógio dos órgãos.

Tabela 2: Fluxo de energia nos órgãos

Horários	Órgão	Efeito
3-5 horas	Pulmões	A circulação sanguínea concentra-se nos pulmões, a respiração e a oxigenação. Deve fazer exercício e respirar ar fresco para absorver boas energias para o seu corpo. Nesta altura, o ar é muito fresco com muitos iões negativos

		benéficos.
5-7 horas	Intestino grosso	A circulação sanguínea concentra-se no intestino grosso. A água potável provoca a evacuação intestinal, abrindo espaço para o novo aporte nutricional do dia. Prepare o seu corpo para absorver mais nutrientes ao longo do dia.
7-9 horas	Estômago	As energias estomacais são mais elevadas, por isso coma a refeição mais importante do dia para otimizar a digestão/assimilação. Tome o seu pequeno-almoço e certifique-se de que tem todos os nutrientes abrangidos pelo seu pequeno-almoço.
9-11 horas	Baço	O estômago transmite o seu conteúdo. As enzimas do pâncreas continuam o processo digestivo. Os hidratos de carbono disponibilizam energia.
11h00-1h00	Coração	A circulação sanguínea concentra-se no coração. Os alimentos entram na corrente sanguínea. O coração bombeia os nutrientes para todo o sistema e satisfaz as suas necessidades em termos de lípidos.
1-3 pm	Intestino delgado	Os alimentos que requerem um tempo de digestão mais longo (proteínas) completam a sua digestão/assimilação.
3-5 pm	Bexiga urinária	Os resíduos metabólicos da alimentação matinal são eliminados, abrindo espaço para a filtragem renal.
5-7 pm	Rim	Filtra o sangue, decide o que manter e o que deitar fora e mantém o equilíbrio químico adequado do sangue com base na ingestão nutricional do dia. O sangue fornece nutrientes utilizáveis a todos os tecidos.
7-9 pm	Pericárdio	Os nutrientes são transportados para grupos de células (capilares) e para cada célula individual (linfáticos).
9-11 pm	Aquecedor triplo	O sistema endócrino ajusta a homeostase do corpo com base na reposição de electrólitos e enzimas.

23h-1h	Vesícula biliar	Limpeza inicial de todos os tecidos, processa o colesterol, melhora a função cerebral.
1-3h	Fígado	Limpeza do sangue. Processamento de resíduos. Este é um momento importante em que o seu corpo passa por um processo de desintoxicação. O fígado neutraliza e decompõe as toxinas corporais acumuladas ao longo do dia.

Como aplicar a acupressão:

Utilize a pressão contínua dos dedos diretamente sobre o ponto; uma pressão suave, constante e penetrante durante cerca de 3-4 minutos é o ideal. Cada ponto terá uma sensação diferente quando o pressiona; alguns pontos sentem-se tensos, enquanto outros ficam frequentemente doridos ou doem quando pressionados. A sua condição física determina a quantidade de pressão que pode ser aplicada num determinado ponto. Geralmente, deve ter-se em mente que a pressão aplicada deve ser suficientemente firme para que "doa bem" - por outras palavras, algo entre uma pressão agradável e firme e uma dor absoluta [3].

Quanto mais desenvolvidos estiverem os músculos, mais pressão deve ser aplicada. Se sentir uma sensibilidade ou dor extrema (ou crescente), diminua gradualmente a pressão até encontrar um equilíbrio entre dor e prazer. A acupressão não tem como objetivo aumentar a tolerância à dor, por isso não pense nela como um teste de resistência. Não continue a pressionar um ponto que é agonizantemente doloroso [3]. A intensidade da pressão a aplicar depende de:

* A localização do ponto.

* Condição física do utilizador.

* Físico do utilizador.

* Tipo de doença.

* Idade do utilizador [4].

Note que, por vezes, ao segurar um ponto, sentirá dor noutra parte do corpo. Este fenómeno é designado por dor referida e indica que essas áreas estão relacionadas.

Deve premir pontos também nestas áreas relacionadas para libertar bloqueios [3].

O dedo médio é muito adequado para aplicar a auto-acupressão, uma vez que é o mais longo e mais forte de todos os dedos. O polegar também é forte, mas normalmente não tem sensibilidade. É importante aplicar e libertar continuamente uma ligeira pressão com os dedos, pois isso dá tempo aos tecidos para responderem adequadamente e promover a cura. O tratamento será mais eficaz à medida que melhorar a concentração no movimento lento dos dedos para dentro e para fora do ponto. Após repetidas sessões de acupressão utilizando diferentes graus de pressão, começará a sentir uma pulsação no ponto. Esta pulsação é um bom sinal. Significa que a circulação aumentou. Observe o tipo de pulsação que sente. Se for muito fraca ou latejante, mantenha o ponto durante mais tempo até que a pulsação se equilibre [3].

Alguns dos pontos de acupressão ou "acu-pontos" são mencionados abaixo.

1	Palato inferior	26	Articulação do joelho Simpático
2	Língua	27	
3	Papada inferior	28	Útero
4	Ponto do cérebro	29	Shen-Men
5	Occipital	30	Redução do ponto de pressão
6	Testa	31	Ponto de Asma
7	Maior Yang	32	Ponta da coxa
8	Collarbone	33	Ponto de obstipação
9	Articulação do ombro	34	Ponto de Hepatite
10	Cotovelo	35	Boca
11	Pulso	36	Estômago
12	Dedo	37	Duodeno
13	Vértebra do pescoço	38	Bexiga

14	Vértebra Sacral	39	Rim
15	Vértebra lombar	40	Ureter
16	Pescoço	41	Fígado
17	Tórax	42	Pâncreas Gall
18	Abdómen	43	Ponto de Pancreatite
19	Ponto de calor	44	Ponto de bebedeira
20	Glândula tiroide	45	Coração
21	Ponto Lumbago	46	Baço
22	Dedo do pé	47	Pulmão
23	Calcanhar	48	Tronco cerebral
24	Articulação do tornozelo	49	Ponto de dor de dentes
25	Articulação da anca	50	Nervo Occipital Menor

A aplicação de pressão no ponto 36 (estômago) é utilizada no tratamento da obesidade. Além disso, a aplicação de pressão no ponto 47 (pulmão) tem sido utilizada para eliminar a vontade de fumar de alguns indivíduos.

Além disso, a aplicação de pressão nos pontos 5, 27 e 29 tem sido utilizada para tratar náuseas e vómitos [8].

As localizações de alguns pontos numa palma humana são mostradas na figura 2 abaixo.

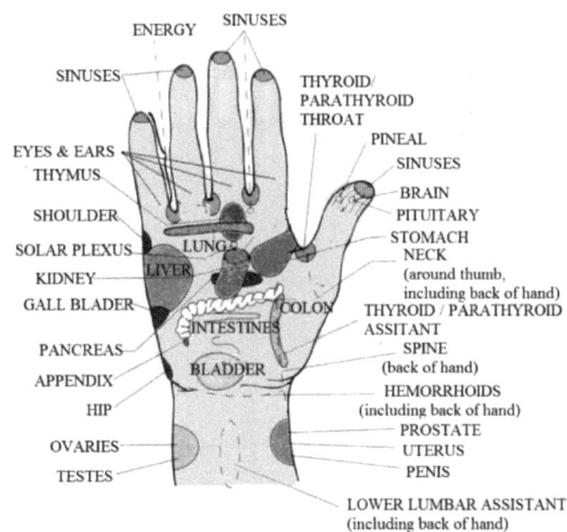

Fig 2: Acu-pontos presentes numa palma humana [28]

Tabela 3: Tempo de duração da utilização da terapia de acupressão [4]

Idade	Duração
Bebés recém-nascidos	0,5-3 minutos
Bebés de 3-6 meses	1-4 minutos
Bebés de 6-12 meses	1-5 minutos
Crianças de 1 a 3 anos	3-7 minutos
Crianças dos 3 aos 12 anos	5-10 minutos
Adultos	5-15 minutos

A localização dos pontos na palma da mão esquerda é exatamente a imagem espelhada da palma da mão direita.

A duração total da terapia de acupressão para obter um efeito ótimo depende da idade da pessoa. A duração da terapia de acupressão a ser utilizada, de acordo com a idade, é mencionada acima.

Aplicações e benefícios da acupressão:

Atualmente, a popularidade da acupressão aumentou em grande medida. A Organização Mundial de Saúde (OMS) também começou a interessar-se por esta terapia. Em 1979, a OMS organizou uma reunião para debater estas terapias orientais. Os delegados da reunião apresentaram uma lista de doenças que podem ser tratadas pela terapia de acupressão de forma muito eficiente e eficaz.

Quadro 4: lista de doenças que são tratadas com acupressão [4]

Sinusite aguda	Disenteria aguda e crónica
Constipação comum	Diarreia
Amigdalite	Prisão de ventre
Bronquite grave	Dor de cabeça
Asma brônquica	Enxaqueca
Dor nos olhos	Nevralgia
Retinite	Paralisia facial
Miopia	Paralisia
Catarata	Neuropatia
Dores de dentes	Doença de Mennier
Glossite	Diérese nocturna
Faringite e dor de garganta	Rigidez dos ombros
Soluço	Cotovelo de ténis
Flatulência	Ciática
Hiperacidez	Dor nas costas
Úlceras no estômago e nos intestinos	Osteoartrite

A terapia de acupressão tem várias aplicações, nomeadamente

1. Fortalece o sistema reprodutor sexual, desintoxica o corpo para uma maior saúde e beleza e tonifica os músculos faciais e das costas [4].

2. A acupressão do pulso é muito eficaz na prevenção e no tratamento das náuseas e dos vómitos que ocorrem habitualmente:

a. Pós-cirurgia

b. Durante a raquianestesia

c. Pós-quimioterapia

d. De doenças emocionais

e. Relacionado com a gravidez [6].

3. A acupressão pode baixar a tensão arterial e melhorar a qualidade do sono em doentes de meia-idade e idosos com hipertensão [9].

4. A acupressão auricular (acupressão auricular) é uma terapia adjuvante eficaz para o tratamento da obesidade [10].

5. Reduz a dismenorreia (períodos dolorosos ou cólicas menstruais), uma causa comum de redução da qualidade de vida nas mulheres [11].

6. A osteoartrite (OA), a forma mais comum de artrite e uma das principais causas de incapacidade em adultos mais velhos, pode ser reduzida através de uma combinação de acupressão e exercícios isométricos [12].

7. A utilização de alguns medicamentos e ervas pode aumentar a eficácia da terapia de acupressão. Por exemplo, a terapia de acupressão juntamente com óleo de valeriana ajuda a melhorar a qualidade e a quantidade de sono das pessoas [13].

Efeitos das drogas nocivas:

A ignorância e a negligência em relação à saúde que prevalecem entre as pessoas atualmente são realmente chocantes. São poucas as pessoas que se esforçam ativamente por compreender o seu corpo e a sua saúde e por cuidar deles. De facto, entregámos os problemas da nossa saúde e as suas soluções aos cuidados da ciência médica [4].

Hoje em dia, tornou-se difícil para nós visitar o médico uma vez por semana ou duas ou mesmo uma vez por mês para fazer os check-ups regulares. Por isso, tendemos geralmente a utilizar medicamentos locais como o Paracetamol e a Talomida para nos tratarmos. No entanto, os medicamentos que antes eram considerados eficazes estão agora a revelar-se ineficazes ou prejudiciais. Este facto tornou necessária a realização de experiências com o objetivo de inventar novos medicamentos potentes. Quanto mais potente é o medicamento, maiores são os seus efeitos secundários. Os medicamentos que antes eram considerados perfeitamente seguros revelam-se agora nocivos e perigosos. A talomida era considerada um sonífero inofensivo, mas hoje em dia reconhece-se que a talomida, quando tomada durante a gravidez, é responsável por um certo número de casos de deformações congénitas. Após a invenção da cloroquina e da quimioquina, pensava-se que a malária poderia ser exterminada da superfície da terra, mas isso revelou-se ilusório, uma vez que a malária está a regressar em força a muitas partes do mundo. Atualmente, a cloroquina tem pouco ou nenhum efeito sobre a malária [4].

Crocin e Calpol são medicamentos de eleição para a febre e dores de cabeça, ou qualquer tipo de dores no corpo na Índia, mas a questão que se coloca é como é que o medicamento alivia magicamente os sintomas? A resposta é o Acetaminofeno, que é o ingrediente ativo e principal destes medicamentos. O principal efeito secundário conhecido da acetaminofena é uma reação alérgica grave, cujos sintomas são erupções cutâneas, comichão, inchaço da face, garganta ou língua, tonturas graves e dificuldade em respirar.

A sobredosagem de acetaminofena pode ter muitos efeitos adversos. Nos Estados Unidos, onde existe uma melhor documentação e notificação do que na Índia, registam-se vários casos de lesões devidas a sobredosagem de acetaminofena [14].

O governo indiano proibiu os medicamentos domésticos comuns no âmbito da sua decisão de pôr termo ao fabrico e à venda de medicamentos combinados de dose fixa (FDC). O ministério da saúde proibiu cerca de 350 FDC com efeito imediato, na sequência das recomendações de um comité de peritos formado para examinar a eficácia destas combinações de medicamentos [15].

Quadro 5: lista das drogas proibidas [16].

N.º Sr.	Nome	Nome da marca	Utilizado para	Motivo da proibição
1	Fenilpropanolamima	D'cold, Vicks Action -500	Constipação e tosse	Acidente vascular cerebral
2	Fenolftaleína	Agarol	Laxante	Cancro
3	Metamizol	Analgin, Novalgin	Analgésico	Depressão da medula óssea
4	Cisaprida	Ciza, Syspride	Acidez, prisão de ventre	Batimento cardíaco irregular
5	Droperidol	Droperol	Anti-depressivo	Batimento cardíaco irregular
6	Furazolidona	Furoxona, Lomofen	Anti-diarreico	Cancro
7	Nimesulida	Nise, Nimulid	Febre	Insuficiência hepática
8	Nitrofurazona	Furacina	Creme anti-bacteriano	Cancro
9	Oxifenbutazona	Sioril	Anti-inflamatório não esteroide	Depressão da medula óssea
10	Piperazina	Piperazina	Anti-vermes	Lesões nervosas
11	Quiniodocloro	Enteroquinol	Anti-diarréico	Danos à visão

Custos elevados relacionados com o salão de massagens:

Ir a um spa ou a um salão de massagens para uma sessão de terapia de acupressão revela-se dispendioso para um homem comum. Um inquérito realizado pelos autores sugeriu que uma pequena sessão de massagem de acupressão num centro de massagens custa cerca de Rs 500/- a Rs 3000/- [17]. Uma única visita a uma estância termal pode simplesmente fazer com que se gaste cerca de Rs 1000/- a Rs 5000/- por visita.

O custo de uma sessão de terapia de acupressão no famoso centro de tratamento "Authentic Eastern Health", situado na Pensilvânia, varia entre 70 e 108 dólares [29]. O que, certamente, não é acessível a uma pessoa comum gastar uma quantia tão elevada no seu tratamento.

Métodos de Acupressão Manual:

Existem vários equipamentos disponíveis para efetuar uma terapia de acupressão. Alguns deles são enumerados a seguir.

- **Tapete de acupressão**

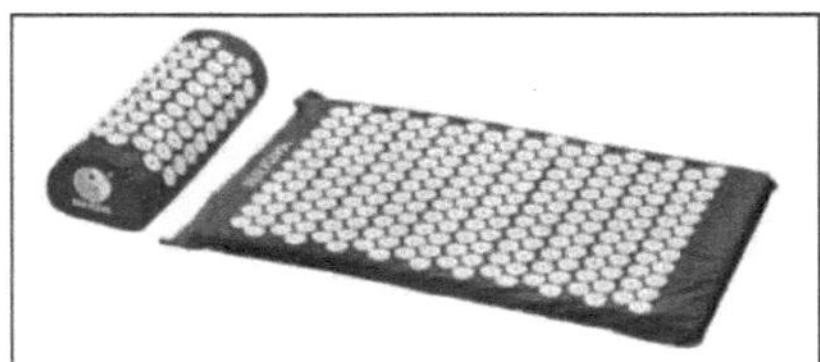

Fig. 3: Tapete de Acupressão [30].

Geralmente, quando se utiliza um tapete de acupressão, coloca-se o tapete no chão e depois deita-se no tapete, posicionando corretamente o corpo sobre ele. O tapete é constituído por milhares de estruturas semelhantes a pinos que penetram no corpo e aumentam o fluxo sanguíneo, mas estes tapetes não são capazes de tratar problemas ou pontos específicos [18].

- **Acupressão nos pés**

É necessário usar este calçado para caminhar. Tal como os tapetes, estes calçados também têm pontas que penetram nos pés e aumentam o fluxo sanguíneo. No entanto, a utilização deste tipo de calçado só é permitida durante as caminhadas. Não é possível utilizá-los quando se está a relaxar em casa ou quando se está estável num local.

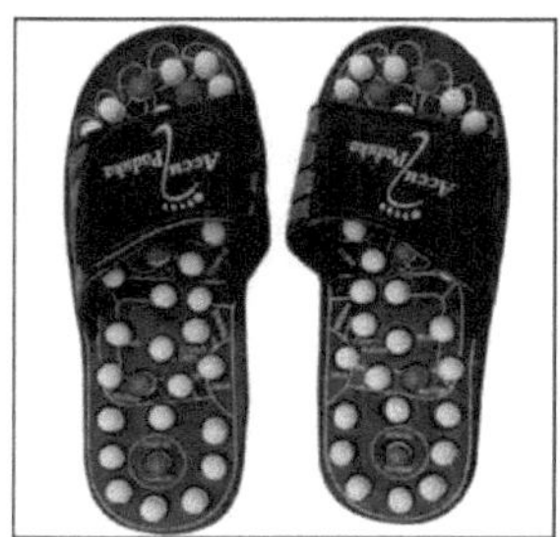

Fig 4: Calçado de acupressão para os pés [31].

- **Rolo de acupressão**

Pressionar o rolo contra a palma da mão ou contra os pés e, em seguida, rolar o rolo para a frente e para trás, gradualmente, para efetuar a terapia.

Fig 5: Rolo de acupressão [32].

- **Caneta de acupressão**

A caneta tem duas cabeças, uma pontiaguda e outra arredondada. Uma das cabeças é uma ponta de cristal de quartzo que pressionamos numa região de acuponto específico.

Fig 6: Caneta de acupressão [33].

Descarrega uma pequena carga eléctrica que estimula a área do ponto de pressão. O efeito é o alívio da dor na zona de estimulação ou o alívio da dor anterior que existia na região [19]. Para aplicar a terapia de forma eficaz, devemos conhecer os pontos exactos de acupressão.

Todos os métodos acima referidos são métodos manuais. São ineficazes em certa medida e a sua eficácia varia de pessoa para pessoa, ao passo que a terapia de acupressão necessita apenas da quantidade certa de pressão para funcionar corretamente. Do mesmo modo, a pressão varia de pessoa para pessoa quando se utiliza um rolo.

Normalmente, não se vê durante o inquérito que todas as pessoas tenham conhecimento dos pontos de acupressão na palma da mão ou nos pés. Assim, a utilização destes equipamentos sem conhecer os pontos certos pode revelar-se altamente ineficaz.

CONCEITO FUNDAMENTAL

Até agora, vimos diferentes barreiras e limitações que surgem durante a utilização da terapia de acupressão e, devido a estas limitações, as pessoas são privadas desta terapia frutuosa. Assim, os autores trabalharam em conjunto e criaram um dispositivo que ultrapassa todas estas barreiras e limitações.

Diagrama de blocos:

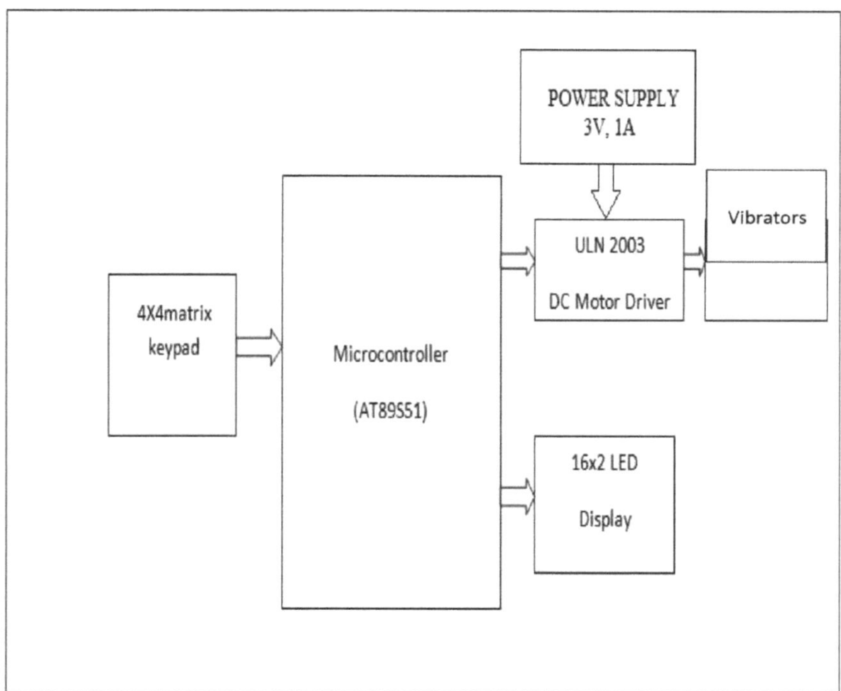

Fig 7: Diagrama de blocos do protótipo

O nosso protótipo baseia-se no diagrama de blocos mencionado na figura 7. A entrada é dada premindo a tecla do teclado de matriz 4*4. O microcontrolador utilizado é o AT89S51. O controlador está ligado ao teclado, ao ecrã LCD 16*2 e ao circuito integrado de acionamento do motor (ULN2003). O controlador lê a tecla do teclado que está a ser premida e, ao verificar a tensão das suas linhas e colunas, verifica que órgão está atribuído a essa tecla específica. Uma réplica de madeira de uma palma humana tem a localização dos pontos de acu de cada órgão marcada e cada ponto é colocado com um vibrador de moedas. O controlador verifica o vibrador que está a ser colocado para esse ponto específico do órgão e liga-o a VEE. O VCC dos vibradores é ligado ao pino COM do CI ULN2003. O vibrador é ligado e o nome do órgão selecionado para a terapia de acupressão é visualizado no visor LCD.

Fluxograma de funcionamento do protótipo

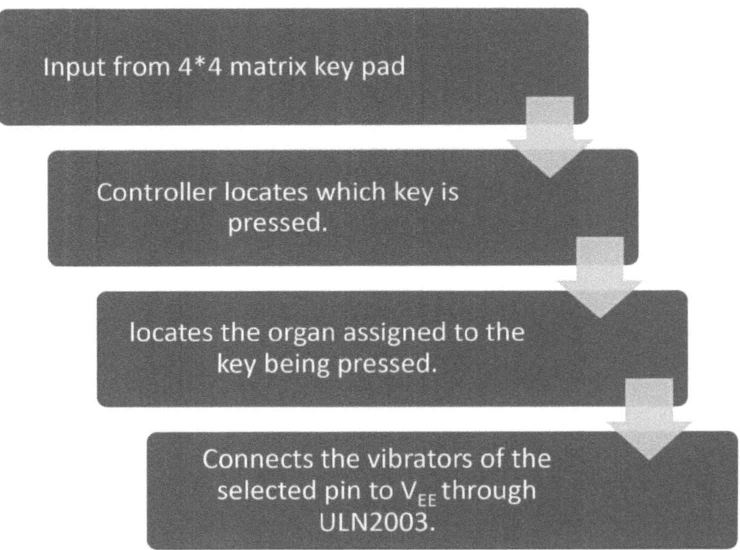

Seleção de pontos:

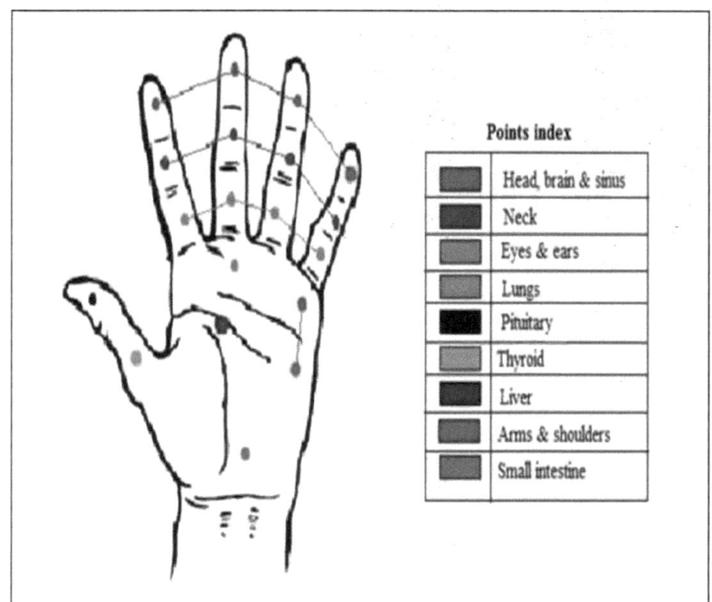

Fig 8: Representação dos pontos de acupressão dos órgãos

De todos os acu-pontos mencionados anteriormente, seleccionámos 9 órgãos críticos que constituem um total de 19 acu-pontos. Atualmente, este protótipo foi concebido para 9 órgãos, como mostra a figura 8. O número de pontos pode ser aumentado e todos os pontos de pressão dos órgãos podem ser introduzidos no futuro, aquando da conceção de outro produto específico e comercial.

ASPECTOS DE CONCEPÇÃO

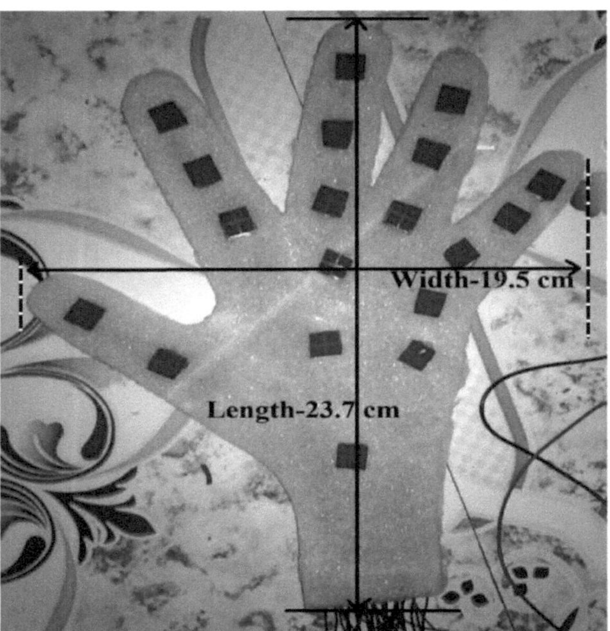

Fig 9: Modelo de mão

O nosso protótipo foi concebido para as especificações do tamanho da mão mencionadas na figura acima. O protótipo pode ser concebido para utilizadores de todas as idades e para todos os tamanhos de palma da mão, bastando para isso modificar o tamanho do modelo da mão.

Tabela 6: Dimensões do modelo de mão em termos de tamanho

Tamanho	Dimensões
Pequeno	13,5*13 Cm
Médio	17*15,5 Cm
Grande	18*16 Cm
Extra grande	20*18,5 Cm

ASPECTOS TÉCNICOS

Este protótipo é composto por 4 módulos principais. São os seguintes:

1.   Alimentação eléctrica.

2.   Módulo de controlo.

3.   Módulo de acionamento do motor/vibrador.

4.   Modelo de mão.

Cada um destes módulos é explicado em pormenor.

Alimentação eléctrica:

É necessária uma fonte de alimentação especial que possa fornecer uma tensão de 5V DC e uma corrente de 1A, de modo a fornecer uma corrente elevada aos vibradores. Utilizámos o circuito integrado 7805 com o pacote Metal Can ou o pacote TO-3 (K) de alumínio para obter um valor elevado de corrente, que pode fornecer uma corrente de cerca de 2A.

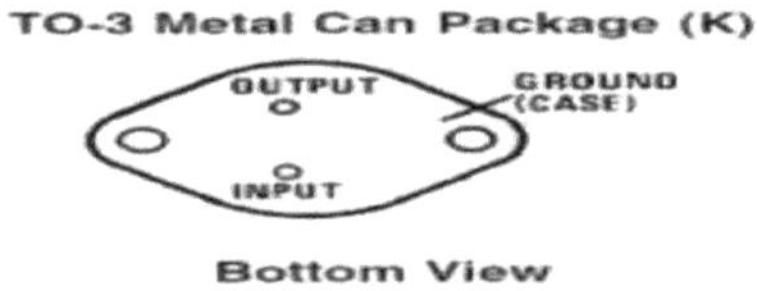

Fig 10: IC 7805 em embalagem metálica [34].

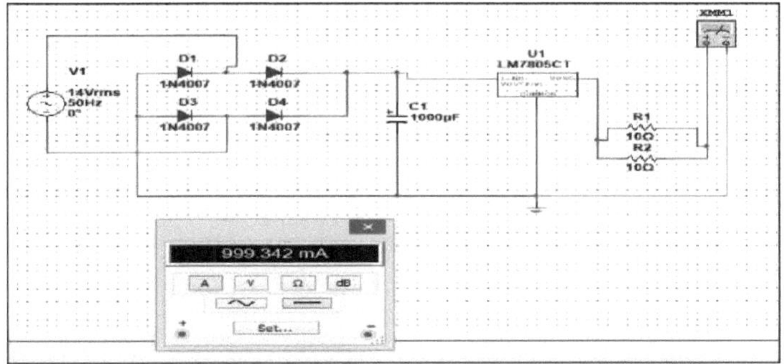

Fig. 11: Circuito de alimentação eléctrica

Módulo de controlo:

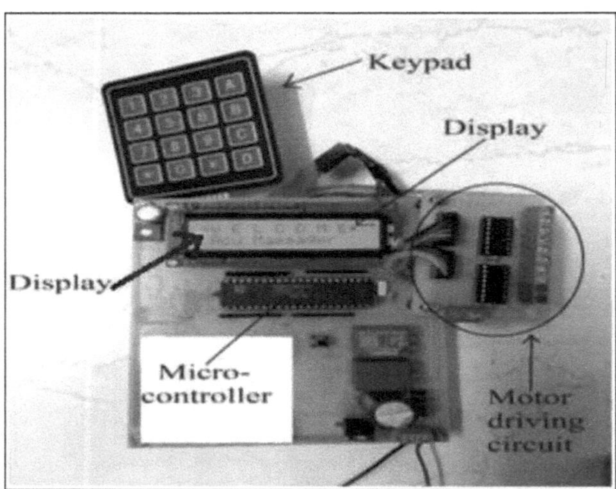

Fig. 12: Circuito do controlador para a automatização

A figura acima mencionada é a parte central do protótipo, que rege todas as operações. O teclado de entrada, o módulo de acionamento do motor e o modelo da mão estão ligados ao circuito do controlador. A entrada é efectuada através de um teclado matricial. A cada tecla é atribuído um nome de órgão específico, de modo a que o utilizador tenha a possibilidade de selecionar o ponto do órgão desejado premindo a tecla do teclado. Os órgãos atribuídos às teclas do teclado baseiam-se na lista de órgãos seleccionados no nosso protótipo, como mostra a figura 8. O controlador lê a entrada e procura o ponto de saída desejado, de modo a que um sinal seja transmitido à secção do condutor e os vibradores presentes na saída correspondente do CI do condutor sejam ligados. A tabela abaixo mostra os nomes dos órgãos atribuídos a cada uma das teclas do teclado. O utilizador pode selecionar o ponto desejado consultando a tabela que deve ser fornecida com o protótipo. Quando o utilizador prime uma determinada tecla, o ponto do órgão correspondente a essa tecla é selecionado e os vibradores desses pontos são activados. Por exemplo, se o utilizador premir a tecla 2, é selecionado o acuponto do fígado. Os vibradores colocados neste ponto começarão a vibrar.

Tabela 7: Nomes de órgãos atribuídos às teclas de entrada

Chaves	Nome do órgão atribuído
Chave 1	Olhos e ouvidos
Chave 2	Fígado
Chave 3	Braços e ombros
Chave 4	Pescoço
Chave 5	Tiroide
Chave 6	Cabeça, cérebro e seios nasais
Chave 7	Pulmões
Chave 8	Pituitária
Chave 9	Intestino delgado

O módulo de acionamento do motor/vibrador:

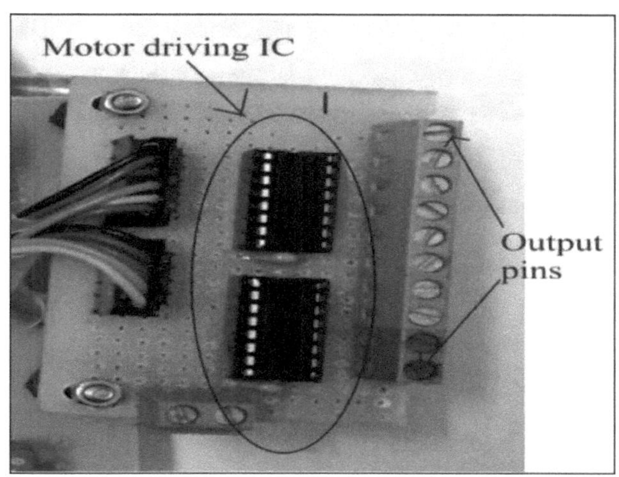

Fig. 13: Circuito de acionamento do motor para acionar os vibradores

O protótipo é constituído por uma secção de acionamento do motor que tem dois CI de acionamento para alimentar os vibradores. Trata-se basicamente de pequenos motores compactos com uma massa descentrada no veio que provoca vibrações na sua rotação.

Os circuitos integrados dos controladores estão ligados à saída da secção do controlador e estão igualmente ligados à alimentação. Cada pino de saída do controlador está ligado aos vibradores de um determinado ponto do órgão. Este recebe os dados fornecidos pelo utilizador a partir do controlador e liga o vibrador pretendido ligando-o à alimentação.

IC de acionamento do motor:

O controlador está ligado a um circuito integrado de controlo do motor (ULN2003 IC) para acionar os vibradores. Quando o utilizador dá uma ordem premindo a tecla pretendida no teclado, o microcontrolador lê a tecla específica que está a ser premida e, em seguida, procura o ponto da mão que está a ser designado para premir essa tecla específica. O controlador ligará a alimentação ao CI de acionamento do motor e receberá a informação do controlador e ligará o vibrador específico.

Descrição:

O ULN2003 é um IC de matriz Darlington de alta tensão e alta corrente. Contém sete pares Darlington de coletor aberto com emissor comum. Um par Darlington é um arranjo de dois transístores bipolares. O ULN2003 pertence à família de CIs da série ULN200X. Diferentes versões desta família fazem interface com diferentes famílias lógicas. O ULN2003 destina-se a dispositivos lógicos 5V TTL, CMOS. Estes circuitos integrados são utilizados para acionar uma vasta gama de cargas e são utilizados como controladores de relé, controladores de ecrã, controladores de linha, etc.

O ULN2003 também é normalmente utilizado na condução de motores passo a passo. Cada canal ou par Darlington no ULN2003 está classificado para 500mA e pode suportar uma corrente de pico de 600mA. As entradas e saídas são opostas uma à outra, como mostra a disposição dos pinos abaixo. Cada driver também contém um diodo de supressão para dissipar picos de tensão durante a condução de cargas indutivas [20].

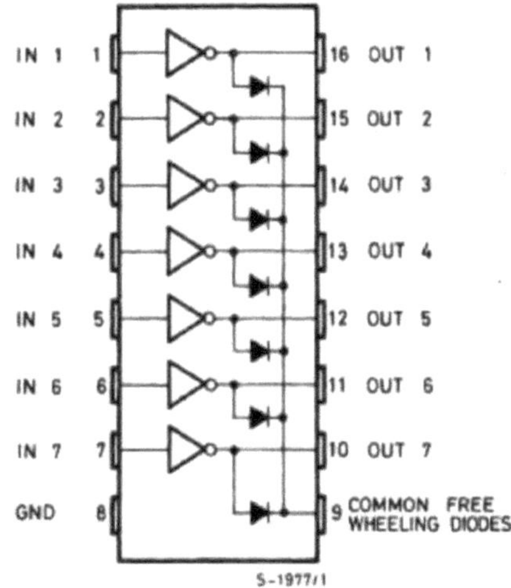

Fig. 14: Descrição dos pinos e estrutura interna do ULN2003 [35].

Aplicações da ULN2003:

* Condutores de relés

* Drivers de motor de passo e motor escovado DC

* Accionadores de lâmpadas

* Controladores de ecrã (LED e descarga de gás)

* Condutores de linha

* Buffers lógicos

Modelo de mão:

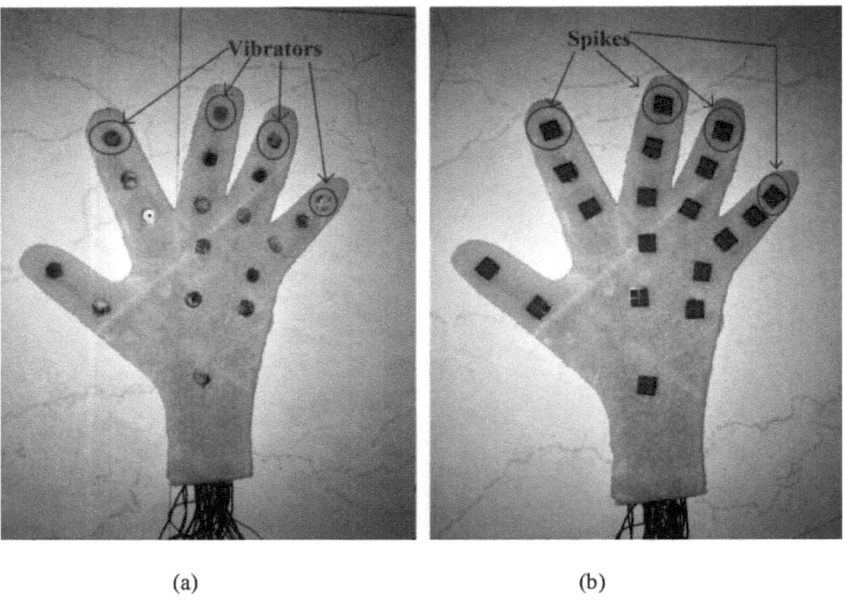

Fig. 15: Modelo de mão com vibradores em (a) e com espigões em (b)

O modelo de mão é a parte do protótipo que fornecerá o tratamento de acupressão ao utilizador. Trata-se de uma réplica em espelho da palma da mão direita, esculpida em contraplacado e revestida com folhas de espuma, de modo a evitar a propagação das vibrações a pontos indesejáveis. É constituída por discos vibradores que são montados nos pontos exactos de acupressão. Estes vibradores estão ligados à saída da secção do condutor. Cada vibrador é coberto por uma estrutura de plástico que vibra e aplica pressão no ponto da palma da mão.

O utilizador tem de pousar a palma da mão no modelo de mão, ligar o protótipo e selecionar o ponto em que necessita de acupressão. Uma vez selecionado o ponto, os vibradores presentes nesse ponto específico começarão a vibrar. Os vibradores, juntamente com os espigões, aplicam uma pressão suave nos pontos de pressão, estimulando assim o meridiano do órgão selecionado e provocando o fluxo de bioenergia que, por sua vez, cura o stress/dor no órgão.

Vibradores:

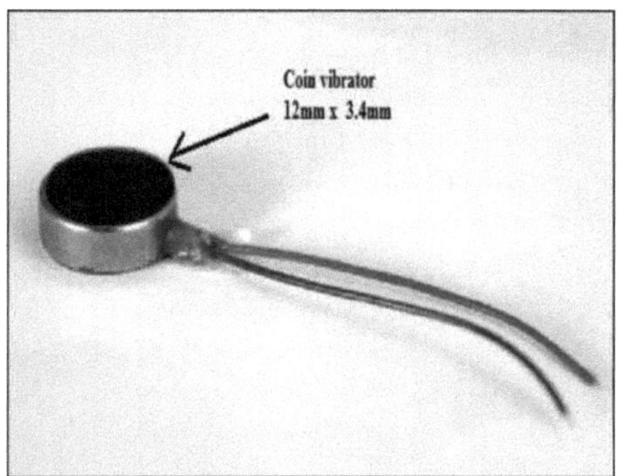

Fig. 16: Vibradores de moeda utilizados nos pontos de pressão [36].

Motores de vibração tipo moeda, também conhecidos como motores de vibração sem eixo ou motores de vibração tipo panqueca, com 12 mm x 3,4 mm de diâmetro para a gama Pico Vibe. Os motores Pancake são compactos e cómodos de utilizar. Integram-se em muitos projectos, porque não têm partes móveis externas e podem ser fixados no lugar com um sistema de montagem autocolante permanente muito forte. Os invólucros podem ser facilmente moldados para aceitar a forma de moeda dos motores de vibração sem veio [21].

Construção:

Os motores de vibração de moeda com escovas são construídos a partir de uma placa de circuito impresso plana na qual o circuito de comutação de 3 pólos está disposto em torno de um eixo interno no centro. O rotor do motor vibratório é composto por duas "bobinas de voz" e uma pequena massa que estão integradas num disco de plástico plano com um rolamento no meio, que se encaixa num eixo. Duas escovas na parte inferior do disco de plástico entram em contacto com as almofadas de comutação da placa de circuito impresso, que fornece corrente às bobinas de voz para gerar um campo magnético. Este campo interage com o fluxo gerado por um íman de disco que está ligado ao chassis do motor. O circuito de comutação alterna a direção do campo através das bobinas de voz, e isto interage com os pares de pólos N-S que estão incorporados no íman de neodímio. O disco roda e, devido à massa excêntrica descentrada incorporada, o motor vibra.

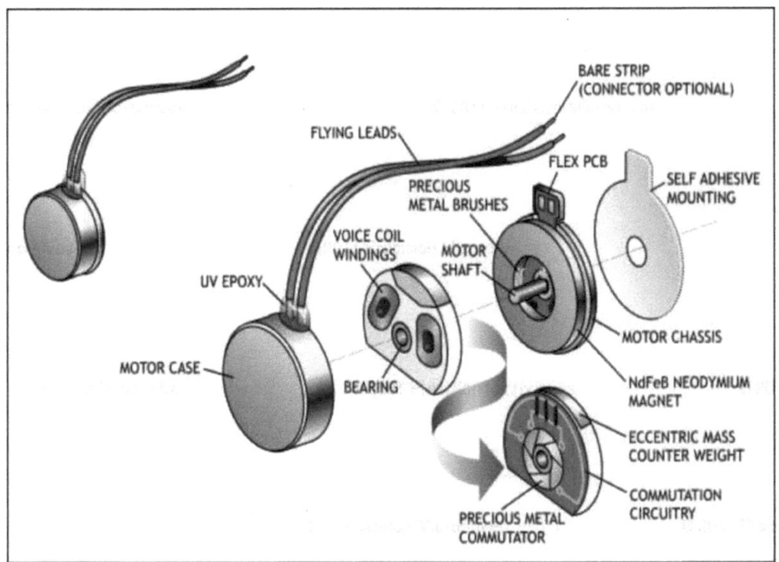

Fig. 17: Construção interna de um vibrador de moedas [37].

Aplicações dos vibradores Pancake:

Devido ao seu tamanho pequeno e mecanismo de vibração fechado, os motores vibratórios de moeda são uma escolha popular para muitas aplicações. Também são utilizados para as seguintes aplicações

- Telemóveis

- Scanners RFID

- Interfaces de utilizador de ferramentas ou equipamentos industriais

- Instrumentos portáteis

- Aplicações médicas [21].

Quadro 8: Especificações dos vibradores [21]

Diâmetro	3,4 mm
Tensão de entrada para os	3 V

vibradores	
Corrente de entrada	700-780Ma
Gama de vibrações	Gama Pico Vibe

Fluxograma:

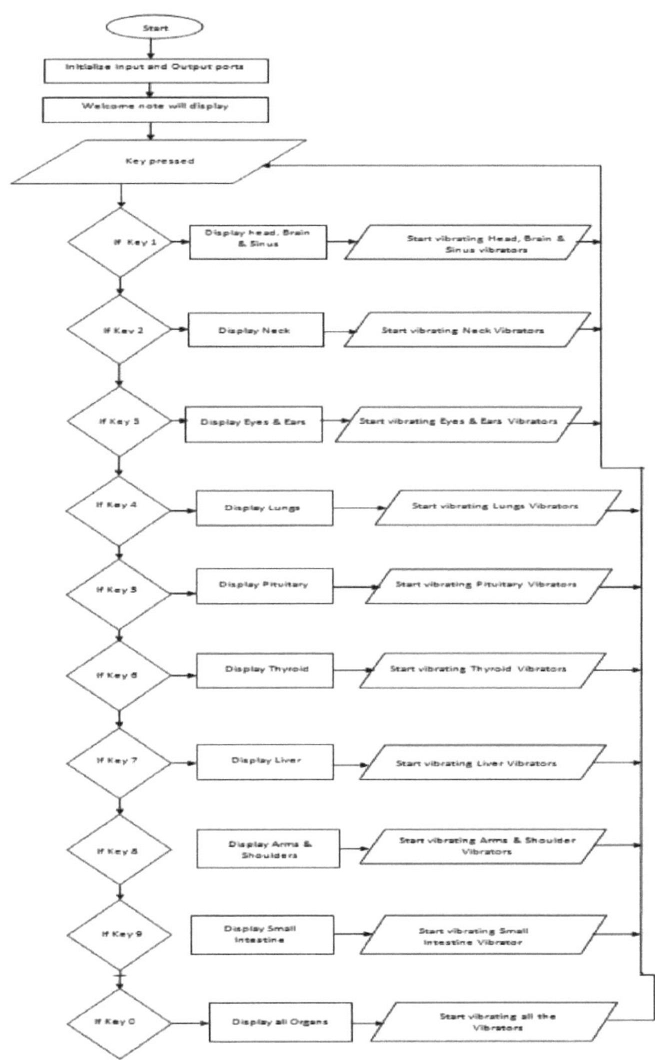

EXECUÇÃO DOS TRABALHOS

Preparação do PCB:

Na placa de circuito impresso de uma face, os condutores estão presentes num dos lados da placa revestida de cobre, pelo que não é permitido o cruzamento de condutores. Para o nosso protótipo, são fabricadas duas placas de circuito impresso de uma face, uma para a fonte de alimentação e outra para o circuito do controlador.

Existem vários métodos disponíveis para o fabrico de PCB, alguns dos quais são os seguintes

- Método de engomar e gravar

- Método fotográfico

- Método Gerber

Destes três métodos, utilizámos o método de engomar e gravar para o fabrico da nossa placa de circuito impresso.

a) Processo de engomar:

Em primeiro lugar, tirámos a imagem da placa de circuito impresso com fundo branco a partir do software EAGLE. A imagem foi impressa num papel fotográfico utilizando uma impressora a jato de laser. O desenho impresso é então colocado no lado de cobre da placa revestida a cobre e depois é colado com uma fita adesiva. Passar a ferro a placa no lado onde foi colocado o papel fotográfico. Depois de passar a ferro, a tinta de cobre fica no lado de cobre da placa e, em seguida, retira-se o papel, mantendo-o debaixo de água corrente. A placa exposta é entregue para o processo de gravura.

b) Processo de gravura:

A placa de circuito impresso revestida de cobre é gravada com uma solução de cloreto ferroso ($FeCl_3$) contendo uma pequena quantidade de ácido clorídrico para aumentar a atividade do cloreto férrico na gravação. A solução de corrosão irá gravar o cobre que está exposto e o cobre que está coberto com a tinta de carbono não é afetado, deixando apenas os traços desejados do cobre que formam as pistas para ligar dois componentes.

c) Processo de perfuração:

Os furos devem ser efectuados na placa de circuito impresso para fixar os componentes. Estes furos através de uma placa de circuito impresso são normalmente efectuados com pequenas brocas feitas de carboneto de tungsténio sólido. A perfuração é realizada por máquinas de perfuração eléctricas ou por um berbequim manual.

d) Processo de soldadura:

A soldadura é o processo de união de dois metais utilizando uma liga de solda constituída por estanho e chumbo (Sn-Pb). Esta liga tem um ponto de fusão muito baixo, pelo que é necessário ter cuidado para que o ponto de fusão da solda seja inferior ao do metal, de modo a que a sua superfície não derreta. Após o fabrico da placa de circuito impresso, os vários componentes são dispostos nos locais correctos da placa e, em seguida, é feita a soldadura.

Depuração e testes:

Utilizámos o kit simulador do 89S51 para testar e depurar o hardware e, para testar e depurar o software, utilizámos o software KEIL.

Dividimos a nossa depuração e teste em etapas, que são as seguintes:

1.	Desenvolveu um programa em linguagem de montagem para o software KEIL.

2.	Desenvolvido programa de 89s51 para enviar o código do LCD, comunicação serial.

3.	Atribuir portas diferentes para os periféricos correspondentes.

4.	Ligue diferentes dispositivos às suas portas correspondentes e queime o 89s51 com a ajuda do software Flash-magic.

5.	Antes de implementar o CI no respetivo local, utilizamos o testador de CI para garantir que o CI está a funcionar corretamente.

6.   Ligar a fonte de alimentação para verificar se o código fornecido está a funcionar corretamente ou não e a mensagem é apresentada no LCD.

Os circuitos são simulados com o software Multisim. Construímos o circuito do controlador no Multisim e depois carregámos o ficheiro hexadecimal que foi desenvolvido a partir do software Keil e Flash-magic no simulador do controlador. A saída do ecrã foi observada no ecrã virtual e o estado do vibrador foi observado ligando os LED no lugar dos vibradores.

Procedimento de ensaio:

Uma vez montado o hardware, é necessário verificar se o projeto está correto e se o protótipo foi construído de acordo com o desenho do projeto. A verificação do projeto é feita através da escrita de vários pequenos programas, começando com o programa mais básico e construindo sobre o demonstrado.

a) Teste de cristal:

O teste inicial é para garantir que tanto o cristal como o circuito de reset estão a funcionar. O microcontrolador é inserido no circuito e o impulso ALE é verificado, com um osciloscópio, para verificar se a frequência ALE é 1/6 da frequência do cristal. Em seguida, carrega-se no botão de reset e verifica-se se todas as portas estão no estado de entrada alta.

b) Ensaio de PCB:

A placa de circuito impresso foi testada, traçando as pistas a partir da lista de redes e do trabalho artístico da placa de circuito impresso. Os erros no trabalho artístico foram eliminados durante os testes e, em seguida, foi dado início ao fabrico da placa de circuito impresso.

A placa de circuito impresso foi testada com o DMM e a continuidade das pistas foi testada com o DMM, no modo de díodo. O terminal positivo foi ligado aos terminais dos outros IC's para mostrar a resistência negligenciável, se a pista for contínua.

c) Testes visuais:

•   São verificadas as polaridades de todos os componentes, como condensadores, conectores, etc.

•   Verifica-se que todas as tomadas de CI estão soldadas corretamente.

•   A qualidade da solda também é verificada (se é solda seca ou não).

d) Teste do miltimetro:

•   Todas as tomadas de CI e a fonte de alimentação são soldadas e a continuidade é verificada.

•   Também são verificadas as tensões VCC e GND.

•   As tensões em todos os pinos do microcontrolador são verificadas em relação à terra.

•   Os valores de todos os componentes possíveis são verificados com um multímetro.

e) Teste de software:

Durante o desenvolvimento do programa, todos os circuitos integrados foram inicializados no software e as sub-rotinas de cada módulo foram executadas, sendo necessário testar se todos os módulos estão a funcionar corretamente e a apresentar os resultados pretendidos.

Disposição da placa de circuito impresso:

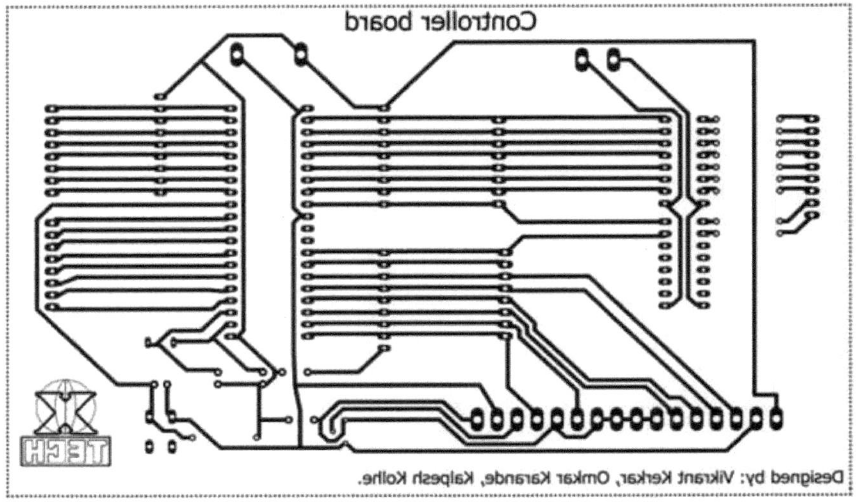

Fig. 18: Esquema da placa de circuito impresso do módulo de controlo

Parâmetros de saída:

- Saída da fonte de alimentação: 3V, 999,342 mA.

- Tensão nos vibradores: 3V.

- Corrente através dos vibradores: 700 mA.

- Gama de frequências de vibração: 200-300 vibrações Pico.

Simulação do circuito protótipo:

A figura 19 apresenta a saída, sendo que são utilizados LEDs em vez de

vibradores. Simulação da placa de controlo utilizando o software Multisim.

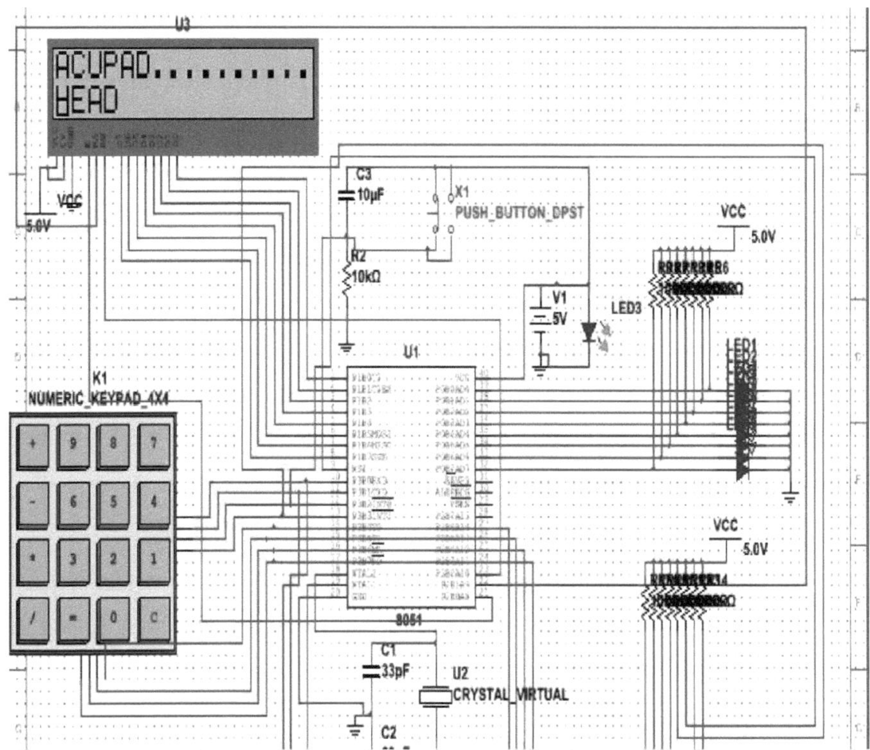

Fig. 19: Simulação da placa controladora no Multisim.

EXPERIMENTAÇÃO

No total, participaram nesta experiência vinte voluntários que nunca tinham feito terapia de acupressão. Os voluntários receberam instruções para relaxar enquanto faziam terapia de acupressão. Os voluntários receberam independentemente uma terapia para órgãos específicos que sempre insistiram que estavam a ter dores num passado próximo. Foi pedido aos voluntários que colocassem a palma da mão sobre o protótipo e que a segurassem firmemente com a ajuda de uma tira de velcro fixada no protótipo. Foram instruídos a ler as teclas e o gráfico dos órgãos correspondentes e a premir a tecla desejada para que o vibrador específico se ligue e o voluntário receba terapia de acupressão para esse órgão. A experiência foi realizada durante 15 minutos por voluntário e foi-lhe perguntado como se sentia após a terapia, a maioria dos voluntários sentiu que a terapia funciona para reduzir o nível de dor/stress.

Para controlar o nível de stress, é necessário, em primeiro lugar, monitorizá-lo continuamente. Existem alguns parâmetros corporais que nos ajudam a monitorizar o nível de stress. Estes parâmetros incluem:

1. Resposta galvânica da pele (GSR)

2. Frequência cardíaca (FC)

3. Pressão arterial (PA)

4. Atividade respiratória

5. Eletrocardiograma (ECG) [22].

Para além do feedback dos voluntários, o resultado foi apoiado pelos seus relatórios médicos, que indicavam a sua FC, PA e ECG antes e depois da utilização do dispositivo. Inicialmente, foram registados a FC, a PA e o ECG de cada voluntário. Pediu-se aos voluntários que utilizassem o protótipo de acordo com o procedimento acima referido. Todos os parâmetros foram medidos mais uma vez. Estes relatórios indicaram uma melhoria significativa e estão próximos do normal, em todos os parâmetros acima mencionados, após a utilização do protótipo.

Fig 20: Voluntário do sexo masculino a utilizar o protótipo

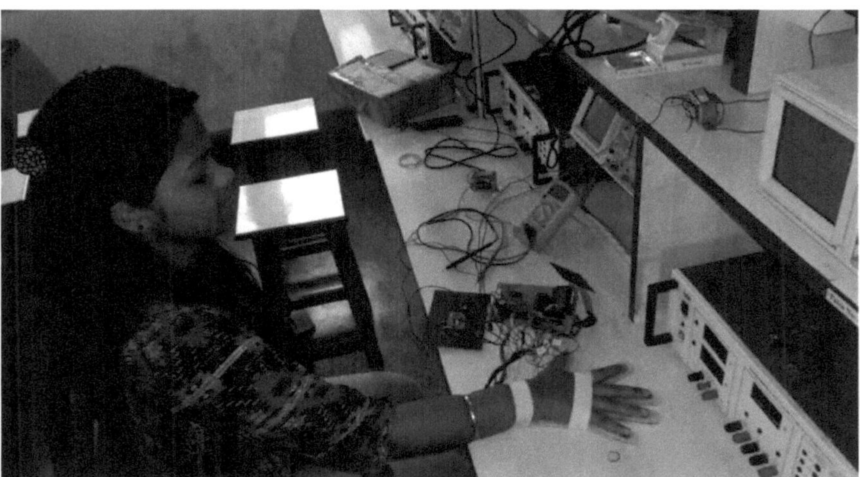

Fig 21: Voluntária a utilizar o protótipo

Questionário aplicado aos voluntários

Foram feitas algumas perguntas a todos os voluntários para construir um estudo de caso envolvido na experimentação antes e depois da utilização do dispositivo. O seu feedback foi registado. Estas perguntas e algumas das respostas comuns da maioria dos voluntários são apresentadas de seguida:

I.   Perguntas feitas antes de utilizar o protótipo.

1.   Sente stress no seu dia a dia? Em caso afirmativo, qual é a principal causa do mesmo?

- Sim, sinto-me stressado. Principalmente devido à agitação do dia a dia.

2.   Vai regularmente ao médico para fazer um check-up e para tratar de dores no corpo?

- Não.

3.   O que faz para tratar os seus problemas de dores quotidianas?

- Tomar um analgésico ou aplicar uma pomada ou bálsamo para reduzir a dor.

4.   Tem algum conhecimento sobre a terapia de acupressão e os pontos de acupressão presentes no nosso corpo?

- Conheço a terapia de acupressão, mas não tenho qualquer ideia sobre a localização exacta dos pontos.

5.   Já alguma vez optou por uma terapia de acupressão?

- Não.

II.   Perguntas feitas após a utilização do protótipo.

1.   Como é que se sente depois de utilizar o protótipo? Serve a sua causa?

- Sim. É bastante útil e senti uma grande diferença no nível de dor, depois de usar a terapia. Sinto que o nível de dor está a diminuir.

2.   Este protótipo é de fácil utilização?

- Sim. É bastante fácil de utilizar.

3.   Considera que consegue ultrapassar o problema da falta de conhecimentos sobre acupressão e proporcionar-lhe um tratamento eficaz?

- Sim, sem dúvida. Ajuda muito, mesmo que não se saiba nada sobre a terapia de acupressão.

4.   O protótipo prejudica-o de alguma forma durante a sua utilização?

- Não, de todo.

5.   Acha que qualquer pessoa pode auto-tratar-se através deste protótipo?

- Sim, sem dúvida.

6.   Gostaria de ter um dispositivo deste tipo para o seu auto-tratamento?

- Sim, se o seu custo for baixo.

APLICAÇÕES E PRECAUÇÕES

Aplicações:

1. Pode proporcionar uma terapia de acupressão eficaz e totalmente automática.

2. Para tratar dores de cabeça e dores de costas comuns.

3. Aumenta a circulação do sangue.

4. Relaxar os músculos.

5. Para tratar náuseas e vómitos normalmente causados após quimioterapia, durante anestesia espinal, após cirurgia e enjoo.

6. Para aumentar a resistência do organismo às doenças e promover uma vida mais longa, mais saudável e mais vital.

7. Para aliviar o stress.

8. Para regular a variação do ritmo cardíaco.

Precauções:

Em geral, a acupressão é uma técnica segura, mas não se destina a substituir os cuidados de saúde profissionais. O médico deve ser sempre consultado em caso de dúvidas sobre condições médicas [5].

1. Não deve ser aplicado em zonas com tecido cicatricial, bolhas, varizes, furúnculos, erupções cutâneas, feridas abertas, inchaço e inflamação. Certos pontos de acupunctura não devem ser estimulados no caso de o paciente sofrer de tensão arterial alta ou baixa [5].

2. Não deve ser utilizado por mulheres grávidas, uma vez que alguns pontos podem provocar contracções. Consulte um médico se sofrer de doenças cardíacas, artrite ou outras doenças crónicas. A manipulação física dos pontos pode revelar-se perigosa se sofrer de artrite reumatoide, de uma lesão na coluna vertebral ou de uma doença óssea. Evitar o tratamento na área de um tumor canceroso ou se o cancro se tiver espalhado para os ossos [6].

CONCLUSÃO

O protótipo é de fácil utilização para todos os utilizadores, independentemente da idade, e a solução é rentável. Este protótipo está a fornecer todas as características que um tratamento de acupressão nos proporciona, limitando a utilização de medicamentos e drogas nocivas a uma quantidade considerável, minimizando assim os riscos para a saúde. Além disso, revela-se um substituto mais eficaz dos antigos métodos manuais de acupressão.

REFERÊNCIAS

1. N. Carbonaro et al., "Wearable biomonitoring system for stress management: A preliminary study on robust ECG signal processing", World of Wireless, Mobile and Multimedia Networks (WoWMoM), 2011 IEEE International Symposium on a, Lucca, 2011, pp. 1-6.

2. S. T. Surulivel, R. Alamelu e S. Selvabaskar, "Um estudo sobre o stress no local de trabalho e a sua gestão - Uma abordagem de Modelo de Equação Estrutural (SEM)", Science Engineering and Management Research (ICSEMR), 2014 International Conference on, Chennai, 2014, pp. 1-5.

3. http://www.acupressure.com

4. Dr. D. R Gala, Dr. Dhiren Gala, Dr. Sanjay Gala, "Seja o seu próprio médico com ACUPRESSURE".

5. http://www.encyclopedia.com/medicine/divisions-diagnostics-and-procedures/medicine/acupressure

6. http://www.webmd.com

7. http://guruaam.com/uploads/3/2/2/8/3228875/226580_orig.jpg?342

8. http://healervinodh.blogspot.in

9. Li-Wei Zheng, Yao Chen, Feng Chen, Ping Zhang, Li-Fang Wu, "Efeito da acupressão no sono

quality of middle-aged and elderly patients with hypertension", international journal of nursing sciences 1 (2014) 334-338.

10. Ching-Hsiu Hsieh, Pei-Ying Chuang2, Li-Huan Chen, Han-Wen Wang, "Terapia de acupressão de curta duração na redução de peso na adolescência: A randomized controlled trial", Vol.5, No.8A3, 81-84 (2013).

11. Ukachukwu Okoroafor Abaraogu*, Chidinma Samantha Tabansi Ochuogu, "As Acupressure Decreases Pain, Acupuncture May Improve Some Aspects of Quality of Life for Women with Primary Dysmenorrhea: A Systematic Review with Meta-Analysis", Journal of Acupuncture and Meridian Studies (JAMS).

12. Amany S. Sorour, Amany S. Ayoub, Eman M. Abd El Aziz, "Effectiveness of acupressure versus isometric exercise on pain, stiffness, and physical function in knee osteoarthritis female patients", Journal of Advanced Research (JARE) 2014, 5, 193-200, Cairo University.

13. Masoumeh Bagheri-Nesami, Mohammad Ali Heidari Gorji, Somayeh Rezaie, Zahra Pouresmail, Jamshid Yazdani Cherati, "Effect of acupressure with valerian oil 2.5% on the quality and quantity of sleep in patients with acute coronary syndrome in a cardiac intensive care unit, Journal of Traditional and Complementary Medicine", Volume 5, Número 4, outubro de 2015, Páginas 241-247.

14. http://www.turmeriq.com

15. http://www.hindustantimes.com

16. http://nehasthinking.blogspot.in

17. https://www.lybrate.com

18. http://bestmeditationchairs.com

19. http://www.pulsemassagers.com

20.   https://www.engineersgarage.com

21.   https://www.precisionmicrodrives.com

22.   A. Fernandes, R. Helawar, R. Lokesh, T. Tari e A. V. Shahapurkar, "Determination of stress using Blood Pressure and Galvanic Skin Response," Communication and Network Technologies (ICCNT), 2014 International Conference on, Sivakasi, 2014, pp. 165-168.

23.   http://www.medicinenet.com

24.   "Valores-alvo da frequência cardíaca". Valores-alvo da frequência cardíaca. Associação Americana do Coração. 4 de abril de 2014. Recuperado em 21 de maio de 2014.

25.   https://www.media.mit.edu

26.   Guyton & Hall, "Textbook of Medical Physiology", publicações Elsevier.

27.   http://guruaam.com

28.   https://montereybayholistic.files.wordpress.com

29.   http://www.easternhealth123.com

30.   http://purenaturalhealing.com

31.   http://ecx.images-amazon.com

32.   http://www.tiplopworks.com

33.   http://www.pulsemassagers.com

34.   http://www.8051projects.net

35.   http://www.hobbytronics.co.uk

36.   https://ae01.alicdn.com

37.   https://store.nerokas.co.ke

APÊNDICE

- ## Águia:

Editor de layout gráfico facilmente aplicável desenvolvido pela Cadsoft. Software de fácil utilização e soluções poderosas para o desenho de PCBs

- ## Software Multisim:

Software utilizado para a simulação dos circuitos.

- ## Software de programação de microcontroladores Keil:

Utilizado para criar ficheiros-fonte em C ou assembly, compilar ou montar ficheiros-fonte, corrigir erros em ficheiros-fonte, ligar ficheiros-objeto do compilador e do montador e testar a aplicação ligada.

- ## Par de Darlington:

O transístor de par Darlington é uma estrutura composta que consiste em dois transístores bipolares ligados entre si. A entrada é dada à base do primeiro transístor. O emissor do primeiro transístor está ligado à base do segundo transístor. Os dois colectores estão ligados em curto-circuito. O acoplamento direto DC é utilizado para ligar os dois transístores.

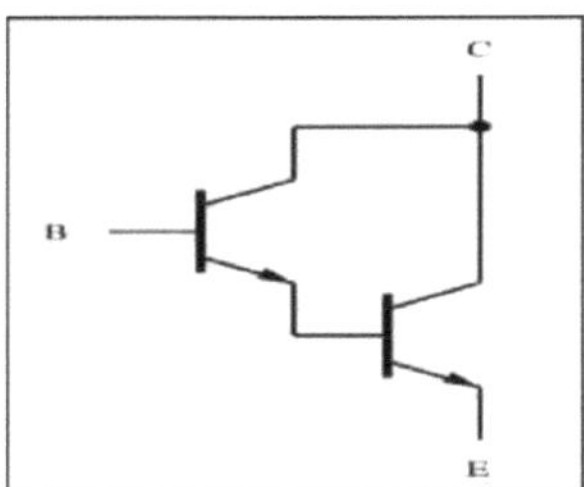

Fig a: Transístor de par Darlington

Comporta-se como um amplificador de corrente de dois estágios. A corrente de entrada é amplificada pelo primeiro transístor e depois é dada como entrada à base do segundo transístor. O segundo transístor amplifica ainda mais a corrente. Assim, a corrente de entrada é amplificada duas vezes. O ganho de corrente é muito superior ao de um único BJT. O ganho de corrente total dos dois transístores em conjunto é o produto do ganho de corrente dos dois transístores individuais ligados em par Darlington.

$$\beta_{Total} \approx \beta_1 \cdot \beta_2$$

- **Frequência cardíaca:**

A frequência cardíaca é definida como o número de batimentos cardíacos por minuto. Baseia-se no número de contracções dos ventrículos (as câmaras inferiores do coração). Se a frequência cardíaca for demasiado rápida, é designada por taquicardia e se for demasiado lenta, é designada por bradicardia [23]. Actividades como o exercício físico, o sono, a ansiedade, o stress, a doença e a ingestão de medicamentos podem fazer variar a frequência cardíaca. Uma frequência cardíaca normal varia entre 60bpm-100bpm [24].

- **Resposta galvânica da pele:**

A resposta de condutância da pele, também conhecida como resposta electro-dérmica ou "resposta galvânica da pele", é o fenómeno em que a pele se torna momentaneamente um melhor condutor de eletricidade quando ocorrem estímulos externos ou internos que são fisiologicamente excitantes. A excitação é um termo amplo que se refere à ativação global e é amplamente considerada como uma das duas principais dimensões de uma resposta emocional [25].

- **Eletrocardiograma (ECG):**

Quando o impulso cardíaco passa através do coração, a corrente eléctrica também se propaga do coração para os tecidos adjacentes que rodeiam o coração. Uma pequena proporção da corrente propaga-se até à superfície do corpo. Se forem colocados eléctrodos na pele do corpo em lados opostos do coração, os potenciais eléctricos gerados pela corrente podem ser registados e este registo é conhecido como "Eletrocardiograma (ECG)" [26].

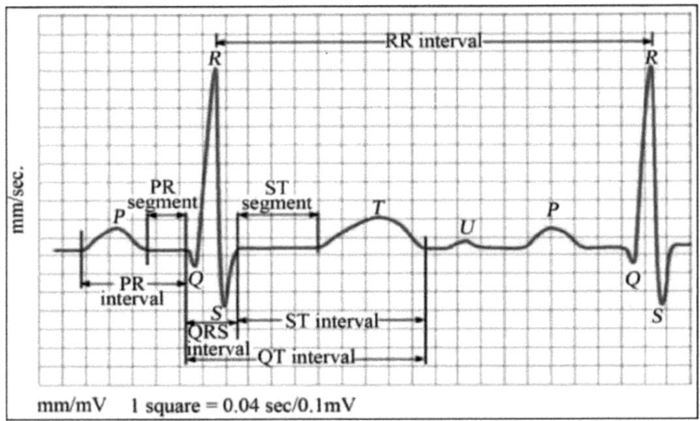

Fig b: Um registo normal de ECG

Fonte: http://file.scirp.org